Hey!!

Z
z

喵星人你怎麼說？

當貓奴遇到了喵星人，
其實牠沒有你想像中的難搞！

許多人常說「貓咪身上總有發掘不完的特點。」

與貓咪一同生活，哪怕是一秒也不會覺得無趣，他們的一個小動作或是表情，都讓人看得入迷，真的感到非常幸福。

只不過，養貓之前對於貓咪要有一定的認知。雖然狗狗對飼主相當忠心，但是對貓咪而言自己本身才是最重要的。若是貓奴們無法「對貓咪忠誠」，那麼可能就不適任貓奴一職呢！

貓咪藉由叫聲或甩動耳朵、鬍鬚或是尾巴等各種不同的肢體語言，來傳達自己的情緒與需求。飼主要解讀其中意思，若是沒有適度回應貓咪，久而久之，貓咪很可能會認為你不是好主人唷。

舉凡像是咬飼主、突然在家暴衝、大小便失禁(或是故意隨處如廁)等的狀況，大多都是因為飼主不懂貓咪所要傳達的訊息，進而造成壓力所致。反之，若能正確瞭解貓咪的訴求，並予以適當回應，那麼與貓咪之間的關係便能親密長久。

本書正是以解讀貓咪肢體語言為目的撰寫而成，希望每一位貓奴們都能夠與貓咪開心幸福生活著。

ニャンコ友の会

目次 What's on your mind

第一章

第二章

Hey!!

第1章

從行為中瞭解貓咪

What's on your mind? 01

為何會一直想塞進包包裡呢？

曾經在整理旅行行李時，把包包拿出來，才離開不到一會兒，貓咪就整個塞進包包裡面。但明明包包比較小，貓咪卻很厲害的將身體擠進去。看見這情景，雖然一邊說著「你沒辦法一起去喔！」但同時又覺得實在太可愛了！

其實貓咪跑進去包包裡，並不是在撒嬌說「我也要一起去！」而是野生的本能行為。

野生時期的貓咪，就有著鑽進樹木洞穴或岩石縫隙中睡覺的習性。如此一來，就能降低在熟睡時被外敵襲擊的可能性。找到最適合當窩的洞穴後，就往裡面鑽，然後頭朝向出入口，這是為了可以看到外面的情況，萬一發生事情時，可以隨時逃出來。

此外，在櫃子上面等高處睡覺，也是一樣的理由。野生時期的貓咪也常常在樹上睡覺，這是因為多數的外敵都不會爬樹，樹上就成了貓咪的安全地帶。

可是對「怎麼鑽也絕對進不去」的紙袋或小洞穴感興趣，前腳在洞口前進進出出，是為什麼呢？其實這是在探索洞穴裏是否隱藏著喜好的小動物，如老鼠等等。看起來懶洋洋的貓咪，其實體內還殘留著狩獵的本能呢！

What's on your mind? 02

最愛待在櫃子上，就是喜歡在高處

我們的祖先以前是在樹上生活的，在樹木茂密的森林或樹林裡，以樹上的洞為家，只有在打獵時才會下來地面。

原來貓咪喜歡在高處，就如同我們人類的古老生活模式。衣櫃上或書架上等高處，既安全又可以看清楚週遭一切，這就是待在高處的優點。

喜歡高處的理由還有一個，在貓咪的世界裡，位居比較高處則表示地位較高。從衣櫃或書架上往下看，連人類飼主也位居下位，所以說貓咪真的是非常高傲呢！當貓奴的我們也只能認命的抬頭仰望了。

考量貓咪的習性後，建議可以幫貓咪準備跳台或特殊設計的層架，滿足他們的自尊心吧！

喜歡將物品推落，是有什麼不滿嗎？

「可以肯定的說，這世上沒有其它動物像貓咪一樣反覆無常。」所有的貓咪飼主，應該都認同這句話吧！

反覆無常、自以為是、總是任性的行動。但是，這些行為卻又讓人捨不得責罵，常常還會覺得太可愛了！貓咪真是不可思議的存在。

佔據書架上方，一副這是我的地盤的氣勢，那就算了，有時還會伸出前腳，將放置在那裡的物品，一件一件的推落下去，這究竟是為了什麼？

其實這是為了吸引他人的目光，他們心裡正想著:「你應該知道，從剛才我就在這裡了吧！」

雖然想要被注意，但當你想伸手抱時，貓咪大多會反抗，想要掙脫，但又不允許你不注視他，貓咪就像是愛撒嬌又任性的小孩。

但要如何才能讓貓咪不要再把物品推落呢？

你以為唸說「不行！不可以這樣！」對於聽不懂人話的貓咪來說，會誤以為是飼主同意和自己玩耍，而繼續推落東西。最好的方法就是，裝不知情、沒看到。飼主沒有反應的話，貓咪就會察覺「用掉也沒用啊！」最後就會放棄這個遊戲。

用前腳一直戳
是什麼意思呢？

休假的早上，好不容易能好好睡一覺，貓咪卻用牠的肉球手不斷來按你的頭…不需要多解釋，這就是「吃飯時間到了！快點放飯！」除此之外，若是緊盯著飼主不斷暗示卻得不到回應，或者飼主不懂貓咪要表達的意思時，就會一直反複戳弄飼主。

就人而言，有想要表達的話，會拍拍對方的肩膀。所以貓咪跟人類也是相同的，用這種方式來傳達情緒。

有時候貓咪會戳弄飼主一下，突然的拍一下，飼主一回頭馬上就咻～的逃跑，這就是「跟我玩～」的信號。

貓咪在抓到獵物之後，會先給到手的獵物一拳，接著離開獵物一會，以確認獵物的狀況。偷打飼主一下再逃跑的行為，從那在臉上一閃即逝的表情，可以看出DNA裡的狩獵本能。

喂～
看我看我！

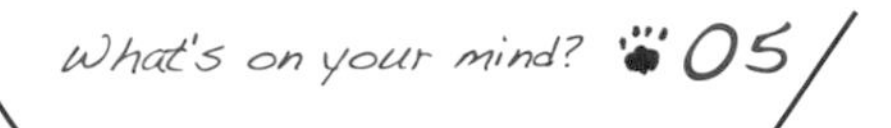

不要對貓咪瞪眼直視

貓咪會抬頭看著飼主傳達「我要吃飯了」、「喂，跟我玩」等要求。跟愛貓玩「瞪眼對看遊戲吧！」因為貓咪會閃躲飼主直視的眼光，所以這遊戲飼主勝率百分之百。

用瞪眼直視一較高下，其實是無視貓咪世界規則的遊戲，所以並沒有輸贏可言。

因為在貓咪的世界裡，相互直視是向對方表示敵意的意思，所以與親近的人之間不太會這麼做。

在剛遇到對方的時候，只會短暫的視線交會，若繼續看著對方的話，則表示「想找碴嗎？放馬過來啊！」的意思。相反的，在不知不覺中移開了視線，就是「讓我們和平共處吧！」的暗示。

貓咪不僅會視線交會與閃避你的目光，若是多多注意則可以了解，當沒有敵意時，貓咪的視線在一開始便不會與對方對上眼的。

雖說貓咪有著狩獵本能，但也是會盡量避免與朋友打架。

面對最愛的飼主，基本上貓咪是不會想要這種目光交會互瞪的。正因如此，只要眼神稍有交會就會迅速閃躲。貓咪將眼神從飼主身上移開並不是無視的意思，而是不想吵架的意思，因為貓咪可是和平主義者唷！

What's on your mind? 06

只要報紙一攤開，就來亂…

只要翻開報紙或雜誌，貓咪就算明明待在遠處也是會刻意靠過來，一屁股坐在報章雜誌正中間。

怎麼會這樣子呢？因為貓咪接收到飼主翻閱報章雜誌所發出的沙沙聲時，會以為那是飼主在說「一起來玩吧！」的訊息。於是，抱持著「既然你都要求了，那陪你玩耍也是可以啦！」的心態，就刻意走過來了。所以就算飼主再怎麼趕走貓咪，他們還是會馬上回來並一屁股坐在報紙上。

以貓咪的角度來看，會認為這就是今天的遊戲，就算再怎麼被抓走，也不會放棄的回到報紙上，心想飼主應該也玩得樂不可之。

這種時候，除了暫時陪貓咪玩一會之外別無他法了。若硬要趕走貓咪的話，貓咪就對飼主產生不信任感，貓咪會覺得「幹痲啦，是你自己先找我玩的耶…」。

因為貓咪是三分鐘熱度，頂多玩個4~5分鐘就膩了，很快的就覺得「無趣了」，然後就會起身離去。

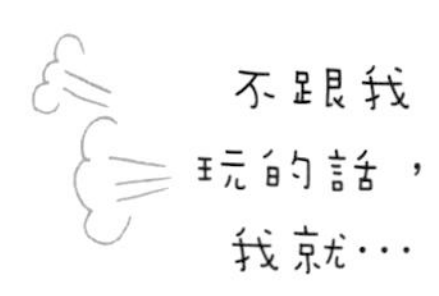

What's on your mind? 07

過來磨蹭身體是在撒嬌嗎？

貓咪靠過來腳邊，把頭緊緊地貼著飼主磨蹭，「這是在跟我撒嬌嗎？」心想好可愛啊！但是，這種磨蹭的行為與其說是在撒嬌，不如說是貓咪在宣示「你這傢伙是我的！」

在貓咪的頭、嘴巴周圍、下巴下方及後腦杓等地方，都有特殊腺體，而費洛蒙就是從這些地方分泌的。邊磨蹭邊沾上費洛蒙，均勻塗到自己費洛蒙的地方，就表示是自己的領域範圍。仔細觀察會發現，不是只針對人，家裡的物品角落或家具的邊角等，他們都會去磨蹭一下。

貓咪的嗅覺比人類的敏銳度高出幾十萬倍，人們無法聞到費洛蒙的味道，但貓咪們卻能夠嗅出，「啊！這一帶是○○的地盤，慘了！」藉由這樣來判斷，一邊留意不去介入其他貓咪們的領域，一邊活動。

貓咪也是會在牛仔褲或裙子的下襬磨蹭，均勻沾上費洛蒙，表現出一臉「這東西是我的！」的表情。

只要一分泌費洛蒙，這些腺體的周圍似乎會刺刺癢癢的，會不斷用頭或嘴巴周圍去磨蹭家具的邊角，也很有可能是為了要抓癢。只要用指尖在靠近這些腺體的地方騷癢一下，貓咪立刻就會露出要融化般的表情，一直呼嚕呼嚕的叫，很陶醉舒服的樣子。

晚餐不知道
吃什麼？

天然密碼-低敏雞幼&成貓配方

新鮮去骨雞肉+好吸收鯡魚+蔬果與微量草本，滿足貓咪挑剔的味蕾。

What's on your mind? 08

送蟲蟲當禮物是貓咪的報恩？

「我家的貓只要去外面玩，就會把到手的獵物當禮物帶回來，放在我面前。」有同樣遭遇的飼主應該很多吧。

你以為是貓咪送的禮物？不～其實你誤解了。

貓咪會將獵物帶給還不會狩獵的幼貓享用，所以有可能貓咪把飼主視為「不會狩獵的幼貓」。

可是，也有其它的解釋。因為家貓仍然還是保有狩獵本能，只要一看到小動物或小蟲出現，就會立刻吸引住貓咪的注意力，並以迅雷不及掩耳的速度和技術，成功的制伏了獵物。

但這種狩獵行為並不代表肚子餓，所以不會因此就激起貓咪的食慾。

因此，另一種解釋是，貓咪正急忙的想要將獵物藏好的過程中，碰巧被飼主撞見，就忘記了「藏寶」的事，獵物就這樣從嘴上掉落下來。

總之，貓咪並不是將到手的獵物送給主人當禮物，最好的證明就是當你要將獵物從貓咪手中奪走時，他們會死命抵抗。

貓咪對於就這樣掉落的獵物，只會有「啊…要撿回來嗎？」的反應，然後就露出一副不甘我的事的表情。然後因此得到飼主的誤會而被稱讚，反而另他們感到滿足。

What's on your mind? 09

把前腳收起變成圓圓一團時表示很放鬆

將前腳彎於身體內側趴坐著，這是貓咪獨有的坐姿稱為「香盒坐姿」，看起來就像是一個隆起的長方形盒子。是個讓尾巴順著身體緊密貼著、全身縮得小巧圓潤的可愛姿勢。在芥川龍之介的小說「阿富的貞操」一書裡，也有「有隻公的三花貓靜靜的窩在香盒裡」這麼一段內容。

香盒是放整套香具的盒子。在江戶時代，對於身份地位較高或較富裕的人家的女兒來說，由於香道是必須學習的教養課程之一，因此香盒是嫁妝裡不可獲缺的物品。

收起前腳、背拱得圓圓的貓咪坐姿跟香盒很像，就被稱為「香盒坐姿」或「香盒座」。

以這種姿勢坐著的貓咪是處於比較放鬆的狀態，收起前腳的姿勢，在萬一有什麼動靜，要進入戰鬥狀態的貓咪非常不利。也就是說，這是種當貓咪覺得現在不會受到突襲，不需要警戒時才看得到的坐姿。

但是，不論何時都不掉以輕心是野生動物的本能，即使是以香盒坐姿坐著，也多是伸長脖子、頭抬高，並對周遭聲音隨時保持敏銳的狀態。

What's on your mind? 10

家裡的毛小孩
何時變成按摩師了？

貓咪非常喜歡觸感柔軟的布料或毛毯，常常陶醉的在毛毯上，用前腳不斷的推揉著。

有時候也會不斷吸吮著毛毯，因為特別喜歡毛料材質，因此吸吮的行為也被稱做「吸吮毛織品」。

不論是推揉毛毯或是吸吮毛織品，都表示著貓咪小時候想要吸奶的行為。

小貓在吸奶的時候，為了能喝到更多母奶，於是養成了推揉母貓乳頭附近的習性。這樣的習性到了長大之後仍然存在，只要觸碰到蓬鬆柔軟的東西，就會有推揉吸吮的行為。

在離乳前就被迫從母貓身邊帶走的小貓，長大以後仍很愛推揉，像這樣的例子很多。寵物店裡的貓咪，通常在早期就被帶離母貓身邊，所以較容易留有這樣的習性。

貓咪推揉的行為較無需在意，但吸吮毛織品的話，則會將布料的纖維吞下肚，進而造成腸胃打結的危險性，所以最好避免。話雖如此，因為當貓咪吸吮的正開心時，飼主將毛毯拿走，貓咪可能會因此對飼主產生不信任感，所以還是趁貓咪離開毛毯時，悄悄的收起來吧。

取而代之的是，飼主可以用玩具陪伴貓咪玩耍，讓貓咪吸吮其它玩具等等，陪貓咪的時間增加了，飼主與貓咪之間的感情也會增溫唷！

What's on your mind? 11

為何會發出咕嚕咕嚕的聲音？

咕嚕咕嚕的聲音是貓咪發自內心感到放鬆時的訊號，被抱、被撫摸的時候，只要聽到這樣的聲音，就連飼主也感覺到幸福無比，真是療癒啊！

咕嚕咕嚕的聲音對人類而言，好比心情很好時不經意的哼著歌一樣。只是貓咪是怎麼發出這樣的咕嚕咕嚕聲音呢？目前為止還是無法證明。

可以知道的是，這是在幼貓時期，貓咪跟母貓撒嬌或是想喝奶時所發出的聲音。母貓則是藉由聽到幼貓發出咕嚕咕嚕的聲音，瞭解幼貓現在很安全很滿足。

會發出咕嚕咕嚕聲向母貓吵鬧的貓咪，不是只有被抱著的時候會這樣，肚子餓時、想玩的時候，也會發出咕嚕咕嚕的聲音，向飼主傳達自己的需求。

除此之外，在不安到難以忍受時，也會從喉嚨發出這樣的聲音。例如，把貓咪放到醫院的診療檯上時，貓咪會仰頭看著飼主發出咕嚕咕嚕的聲音。這是因為讓貓咪處在未知場所，害怕到不行。於是，拼命的向如母貓般的飼主發出「救救我」的訊號。

這時候，輕輕撫摸貓咪的背，藉由這樣的肢體語言，應該能讓貓咪感到安心。

What's on your mind? 12

被撫摸時
明明很享受的樣子，
怎麼突然就咬人了？

貓咪最喜歡被撫摸了，這是因為貓毛根部與神經細胞相連結。母貓幫幼貓理毛時，透過舔毛刺激了毛根部的神經細胞，傳達了「乖乖，不要擔心喔」的感覺給幼貓。

只要一被飼主撫摸，就會想起小時候被母親舔毛時所感受到的好心情。脖子後側、下巴、臀部或是肚子等，撫摸這些部位最能讓貓咪感到舒服。

但這些部位剛好都是貓咪的要害，悠關性命，因此感覺神經相當敏銳，如果摸到這些部位的話，對某些貓咪是否感到舒服就另當別論了。

但是，貓咪的感覺神經變得敏銳時，只要撫摸的人稍微用力一點或摸個不停，貓咪腦中的警戒信號就會亮了起來，而那個訊號就是擺動起尾巴、瞳孔變大或是睜大眼盯著你。

另一方面，飼主認為貓咪很開心，而沒有察覺到那個訊號，進而繼續撫摸。這麼一來，就等著被咬，相信大部份飼主一定都有相同經驗吧！而貓咪會認為沒有發現到他們警戒信號的飼主很討厭！

What's on your mind? 13

把臉藏起來睡覺，是家貓特有的行為

野生貓咪是不會有像這樣的睡姿，也就是說，像這樣把臉藏起來的睡姿是家貓特有的姿勢。

理由只有一個，因為大自然與家中的環境不同。在家裡，除了白天很亮不用說，就連晚上也是燈火通明。

原本貓咪是睡在樹上或是洞穴裡，要在很暗的環境下睡覺的動物。但是，成為寵物之後，則想一直安心的睡在飼主的身旁…。

因為抱著這樣的心情，而不得已被迫在很明亮的地方睡覺的現代家貓。但是，刺眼的燈光貓咪是很不喜歡的，看起來像是用前腳將臉藏起來，實際上是用前腳代替眼罩，蓋住眼睛遮住光線。

What's on your mind? 14

睡覺時會做夢
或說夢話嗎？

仔細觀察一下睡眠中的貓咪時，會發現偶爾他們的腳或尾巴前端會抖動，鬍鬚也會輕微抽動，實際上還有很多部位也會輕微抽動。不僅如此，還會發出像是在說夢話般嘟嘟嚷嚷的聲音。

我們所知道的動物睡眠模式，分成快速動眼睡眠與非快速動眼睡眠兩種類型。快速睡眠模式是指看起來好像在睡覺，但其實大腦是清醒的。非快速動眼睡眠模式則是身體與大腦都進入深層睡眠。

動物會以不斷交換這兩種睡眠模式的方式睡覺，會做夢較多是快速睡眠模式，在這模式中所做的夢，也是有醒來之後還會記得夢境的情況。

像說夢話、身體抽動著，是在快速睡眠模式中做夢。所以貓咪也是會做夢的，但稍有動靜就會有所反應，耳朵也隨時聽著周遭的聲音。

此外，即使你怎麼叫他們、摸他們都沒有任何反應的話，那就是進入非快速睡眠模式中呼呼大睡著。

夢裡有吃不完
的罐頭耶！！

What's on your mind? 15

尾巴像嘴一樣會說話？

貓咪是出乎意料的愛面子，就算非常感興趣，也不會坦率的表現出來，反而會裝不在意。

但是，從一個地方就不小心洩露出貓咪們真正的想法，就是那條尾巴。如果能夠解讀出「尾巴語言」的話，那麼你也許就是位稱職的飼主，想要瞭解貓咪的心情，尾巴會告訴你。

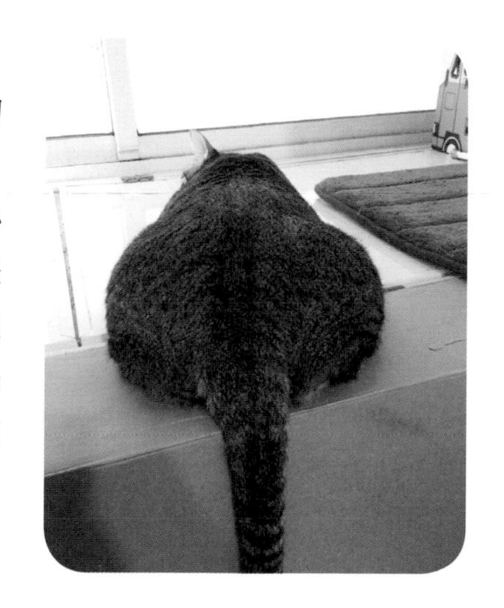

尾巴直挺挺豎起

這是撒嬌模式。因為剛出生的小貓並不會自行排洩，所以會將尾巴挺直請求母貓幫忙舔舐肛門。母貓會豎起尾巴當做指標，讓小貓跟著自己的步伐，讓小貓學會走路。小貓模仿母貓的姿勢，豎起尾巴跟在後頭搖搖晃晃的走著……。

正因如此，當貓咪把尾巴直挺挺的立著接近主人的時候，就像是對母貓一樣是撒嬌的表現。

「摸摸我嘛~」、「我要吃飯」或是「好無聊喔，跟我玩嘛~」等等，一件件向主人要求。

豎起尾巴也有另一種含意，把自己當成是母貓，對著主人喵的一聲，走在前頭。這完完全全是「跟我來！」的意思。而主人尾隨著豎起尾巴的貓咪，不得不順應貓咪的要求，例如：開門或是餵飼料等等。

豎起尾巴左右擺動

看到沒見過的東西、有點好奇又覺得恐怖的複雜情緒。有些興奮的樣子，但是仍會謹慎觀察，深思熟慮著「該不該攻擊呢？」

從尾巴的尾端開始用力的左右擺動時，是發現了令貓咪好奇的東西。朝著主人這樣擺動尾巴，則多為像是「快點給我零食啊！」這種意思。

整條尾巴搖啊搖的甩著，則是完全放鬆，通常都是暗示主人要「摸摸背」。

尾巴的毛像炸開一樣

這是威嚇的姿勢。膨起的毛尾巴變粗、表現出像山一般的姿態時，是在說「來吧！我可是不會輸的！」貓咪將身體撐大到最大極限是表現出強勢的姿勢，通常會炸開全身的毛。

把尾巴收進肚子底下

「原諒我吧！」或是「認輸」膽怯的姿勢。跟上面提到的相反，把身體盡可能的縮小成一團。「我是小不點，很弱小，拜託不要襲擊我喔！」像是這樣的情緒。

快速或緩慢甩動著尾巴

抱著貓咪的時候，如果貓咪啪啪用力的快速甩動著尾巴，這是來自貓咪表示不悅的信號。

尾巴完全伸直、緩慢擺動著，是「抱抱好開心唷~」很放鬆自在的信號。

抱著的時候，尾巴緊貼著腹部

這是緊張的信號。基本上這就是「不要抱我」的意思。

睡覺時尾巴前端邊睡邊微微抖動

睡覺的時候，一聽到主人的聲音就會覺得「啊，是主人的聲音，差不多要吃飯了嗎？」諸如此類輕微的情緒反應。

被抱著時，尾巴整條低垂著

這是被還不熟悉的飼主或是不認識的人抱，全身僵硬的證據。若是就這樣硬抱著，可能會讓貓咪更加恐懼，這時放下貓咪，讓他們恢復自由才是聰明的作法。

看著某個東西，尾巴前端輕輕緩緩擺動著

難得不想睡覺、肚子也不餓…該做什麼好呢？又或者是放空發呆想想事情的樣子。

尾巴時而擺動一下、時而靜止，然後又再次擺動，大概就是沒什麼情緒的意思。

將尾巴前段彎成倒U字型

「喂！來啊！來單挑啊！」挑釁意味十足的姿勢。在小貓們打鬧著玩的時候，可以常常看到這樣的姿勢。

鬍子也會說話？

說到貓咪的鬍鬚，並不只是從嘴巴周圍起向左右延伸的鬍鬚而已，眼睛上方、太陽穴上也長有長長的毛鬚。將這些毛的尖端連成圓，順著臉就變成一個橢圓形，而在這橢圓形範圍內的毛我們統稱為鬍鬚。

仔細觀察會發現貓咪的鬍鬚有時候靜止不動或是沒有意義的抽動著。

貓咪的鬍鬚是相當敏銳的感應器，可以察覺風向、計算道路寬度，判斷是否能通過等等，扮演相當重要的角色。也因為貓咪鬍鬚周圍佈滿許多感覺器官，所以也能從鬍鬚來判斷貓咪的情緒。

千萬不要以開玩笑的心情將貓咪的鬍鬚剪掉或是拔掉，也有貓咪因為失去鬍鬚，而產生壓力缺乏活力的例子。

因為貓咪的鬍鬚在觸碰到食物的時候，感應接收能力會下降，若是使用較深的器皿餵食貓咪，他們會吃得比較辛苦。不要拿人類用的碗來餵貓咪，用較淺的碗盤或貓咪專用的器皿吧！

貓咪用鬍鬚表達的情緒有哪些呢？

鬍鬚直直立著

貓咪的鬍鬚若呈現10點10分的角度伸直時，表示「心情正好」，不只是鬍鬚，豎起尾巴靠近主人的時候，通常都是「跟我玩啊～」的信號。

鬍鬚朝著四周散開

周遭有敵人或者察覺到可疑的事物，表示貓咪處於緊張狀態下的信號。鬍鬚散開到最大範圍，是為了要盡可能多蒐集一點情報，是貓咪處於警戒狀態的證明。

無意義的垂著鬍鬚

不是在睡覺，也不做任何事，就是覺得很無聊。如果有空閒的話，主人就快去陪貓咪玩吧。

鬍鬚打橫放著

放鬆的時候。只要一被飼主撫摸，鬍鬚就會呈現這個樣子的貓咪可是很多的喔。

鬍鬚向前伸直

撐起嘴皮、鬍鬚向前伸直，這是貓咪處於戰鬥狀態時的姿勢，代表著「我生氣囉！」的信號。

鬍鬚貼著臉頰

當貓咪吃飽飽了，想著是不是該好好睡一覺等等，相當心滿意足的狀態。

無聊捏～～～

What's on your mind? 17

耳朵最能讀出貓咪的情緒

想要解讀貓咪情緒時，最快的方法就是看耳朵。觀察耳朵就能瞭解貓咪們的情緒。

耳朵直直豎起

察覺到需要警戒的聲響時。只要發現到令貓咪們在意的聲音或事物，便會提高警覺，也就會立起他們的「雷達耳」。就這樣豎起耳朵，朝著發出聲響的方向轉動著的模樣相當可愛！

耳朵壓向側邊

怎麼辦呢？感到疑惑的時候。要撒個嬌嗎？多少關心我一下好嗎？覺得不知所措的時候，常常會輕輕抖動其中一隻耳朵。

略微壓低耳朵

有些緊張並開始警戒起來時，想從周遭盡可能收集多一點情報，進而決定下一步行動。

耳朵往後折且壓到最低

情緒最為緊繃，進入了攻擊狀態的時候。耳朵一旦呈現這個樣子，接著馬上就會發出低吼聲、皺起鼻頭露出尖牙，竭盡所能的用這個姿勢嚇跑對方。

耳朵前方略微朝外側平放

飽餐一頓之後、天氣暖和想曬太陽睡個覺、心情極好的狀況下。並發出呼嚕呼嚕聲，過一會再注意他們的時候，已經發出鼾聲安穩睡著了。

耳朵整個後壓

生氣、警戒狀態。不斷將耳朵後壓的話，也很有可能是有壓力正在累積喔！ 試著排除讓貓咪感到壓力的情況及因素吧。

What's on your mind? 18

可以跟貓咪聊天？

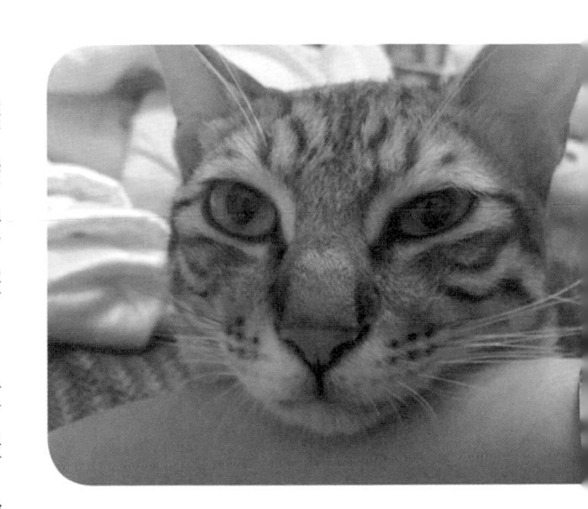

「我家的貓咪會說話唷！」會這麼說的飼主不在少數。實際上貓咪的叫聲有大約10~20種的變化，各種不同叫聲代表著不同意思，這裡會說明我推測這些叫聲所代表的意思。

有一說法是貓咪會傳達出大約10種意思的不同叫聲，而貓咪又是怎樣進行對話的呢？以下為大家介紹幾種。

「喵~、喵~」

轉換成人類語言，就是在說「喂！喂！」想要飼主注意關心自己的時候、催促飼主放飯了、想玩了或是要求飼主開門讓他們出去玩等等，這是要傳達自己需求時所發出的聲音。其實有點煩人，通常會一直喵喵叫到直到飼主理他們為止。

「鼻尖處發出低鳴聲」

飼主打算要出門的時候，前腳才跨出玄關，有時候就會聽見貓咪用鼻尖發出低鳴聲，好像很難過的樣子。這是哭訴著在說「你要把我丟在家嗎？不要出門嘛~~」

每當這種時候，別就這樣默默的出門，請輕柔的回應貓咪「我很快就回來囉，麻煩幫忙看家一下唷！」雖然不見得聽得懂，可以藉由飼主的語調將情緒傳達給貓咪，應該能夠安撫貓咪感到寂寞的心情。

我們最愛霸佔主人的床了！

「喵嗚~~~~(長音)」

一夜未歸，或是長時間外宿後回到家時，飛奔至玄關的貓咪有時候會不斷發出這樣的長叫聲。這是因為晚上飼主沒回家，而感到不安吧。「你總算回來了！」表達出非常安心與愉悅的心情。

「嘶~~」

「要開始囉！」的意思。緊張、想嚇跑敵人的時候，交配的時候也會發出這樣的聲音。

「喵(短音)」

「嘿」或是「喔」等意思。這是很常出現在貓咪與好朋友打招呼時所發出的聲音。有的時候，飼主在與貓咪說話，他們也會用短

音「喵」一聲回應。這是貓咪瞭解了飼主的話，然後給予回應，這被認為是種條件反射。也就是說，這是因為在最一開始，當貓咪叫的時候，飼主會說話回應他們，不斷反覆形成的結果。

在幼貓時期，若是貓咪叫了，飼主就回應他們的話，幼貓就會養成回飼主話的習慣，但長大後這樣的習慣是很難保持的。依據貓咪品種不同，也是有完全沉默的貓咪。

「ㄍㄧㄚ啊」

這像是「饒了我吧！」的悲鳴。打架時，發出這樣叫聲的多為處於劣勢者。

「凹嗚~~~~」

遠遠的聽會覺得好像是人類小寶寶發出的哭聲。這通常是貓咪處於發情期想要引誘異性所發出的聲音。

「喵歐喵歐」＋「咕嚕咕嚕」

有什麼事情想對主人說的情況下所發出的聲音。

「反覆高聲喵喵叫」

「是要我說幾次啦~你還聽不懂嗎？？！！」死纏爛打表達自己需求時的叫聲。

「喵叫聲音由高至低不斷變化」

「給我差不多一點唷！」是種抗議的聲音，對貓咪而言還是會發牢騷的呢！

What's on your mind? 19

貓咪翻肚方式的不同，想傳達的訊息也有微妙差異

我的肚肚癢癢，快來幫我抓癢啊～

貓咪靠過來飼主的時候，卻一股腦的翻了過來，露出肚子讓你看，這是貓咪完全信任飼主的證明。

貓咪的腹部是沒有骨頭的，若是被敵人咬到的話，則是會傷及內臟而死亡。對貓咪而言腹部是最大的要害，絕對不能曝露在敵人面前。若是將這麼重要腹部露給飼主看的話，正是代表百分之百信任飼主。

貓咪翻肚後，若是抬起了前腳，一副「萬歲」的姿勢睡覺，則表示他們確信「這裡絕對安全」的證明。

初養的貓咪若是就以「萬歲」的姿勢睡覺，則是他們覺得「這裡是我家呢」感到安心。

像這樣，依據貓咪翻肚的方式，想傳達的訊息也不同。知道其中差別，就能夠給與貓咪最適當的回應喔。

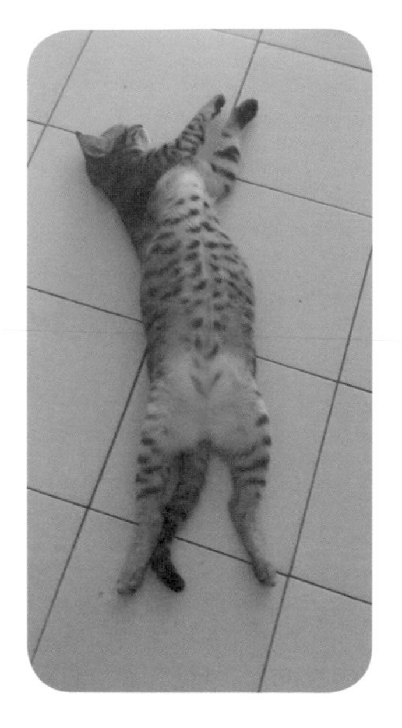

在飼主面前，一股腦的倒下翻肚

這是非常撒嬌的姿勢。仔細聽的話，應該會聽到貓咪從喉嚨發出咕嚕咕嚕的聲音，「摸摸我~」的展現。在這樣翻肚撒嬌的同時，若是一直看著飼主的話，那八成是想要玩耍的暗示，用手輕柔的撫摸，貓咪可是會很滿足的呢！

若是平常太忙以致於很少有時間能夠摸摸貓咪，近而忽略了貓咪們翻肚撒嬌，幾次下來，貓咪會轉變成有種「不要跟你浪費時間了」的心情，之後就連翻肚都不想翻了。

邊翻肚，邊左右扭動著身體

「剛剛不是說要跟我玩嗎？還不玩嗎？快一點啦。」這樣控訴著。

貓咪若是扭動著身體之外還不斷大叫的話，大概就是在說「齁！等不下去了啦，不等了啦。」像這樣的最後通牒。會吵的孩子有糖吃，無論如何，好好的陪貓咪玩耍吧。

不單是扭動著身體，背部不斷磨擦著地板

背黏著地板，像是游著仰式一般用背部不斷上下磨擦著地板，刺激著均勻分部在背部上的腺體，將氣味沾在地板上，這是強烈想要宣示自己的存在感的姿勢。

最喜歡的人回到家的時候，像是在說「嘿嘿，我在這裡唷！一直等著你回來。」這時若是回應一句「我回來了，有沒有想我啊~」貓咪可是會感到開心的。

翻肚後，一動也不動

這是等待著飼主關心自己「怎麼啦？」的姿勢。一旦飼主有所動作，貓咪就會逗弄飼主一下。

貓咪不管處於什麼樣的姿勢下，出拳或踢腿都還是很敏捷的。保持靜止不動、讓你看起來好像他已經死了，等到對方靠過來了，

就會立馬出拳，這在狩獵中可是最高階的技巧喔。用這樣高級技巧玩樂，對貓咪來說真是好玩到不行呢！

陪貓咪玩，他們會充份運用這些高超技巧而感到得意洋洋，心情好到極點。

What's on your mind? 20

「我受夠囉！！！」的行為暗示

狠狠咬你一口

有時候在幫貓咪洗澡或梳毛進行到一半時，會突然被狠狠的咬一口。這是在說「不要太超過喔！」是相當不開心的信號。「再這樣的話我會受不了喔，已經到極限囉！」這樣的情緒下就會咬人。

實際上，在貓咪開始咬人之前，一定會有暗示的信號，像是耳朵往後垂下、抽動嘴角等等。

交情再深也要有分寸！貓咪不會無緣無故就突然咬人。首先，會發出信號，如果這樣還是無法停止這些討厭的事時，那麼咬你一口就成了最後手段了。

為了不要把貓咪逼到這種地步，注意他們發出的信號，稍微停下手邊洗澡或梳毛的動作或是趕快完成吧！

發出像嘆息聲「呼」一樣的打鼾聲

安安靜靜縮成圓圓一團，伸手要抱貓咪，有時候就會得到這樣的「回應」。像是在傳達著「我好不容易愜意一下，幹麻過來啦！」站在貓咪的立場想的話，應該可以理解這樣的心情。

發出「喵、喵」短叫聲

跟貓咪感情不夠深厚的情況下常會這樣。陌生人伸手想抱貓咪的時候，他們通常會發出這樣的叫聲。

貓咪是超乎想像的怕生，硬抱他們的話，以後很有可能會不喜歡被人抱。此時只要耐著性子保持耐心，多花點時間與貓咪建立親密關係之後，他們會願意讓人抱的喔。

用前腳強推抵抗

貓咪做出這個動作是表示真的很抗拒。抱著貓咪，覺得貓咪真的好可愛，然後想將自己的臉頰貼近時…最常看到貓咪用前腳用力的抵抗推著。貓咪是以自我為中心、自尊心相當高的動物，當飼主想要靠近自己時，貓咪討厭的是飼主貼近後，纏著他們要討親親或磨蹭臉頰。

貓咪再怎麼可愛也不要把他們當成會動的布娃娃，好好的尊重貓咪，與他們和平相處才是重點。

看我的
貓拳！

天然密碼-低敏雞肉體態控制&熟齡貓

低脂低熱量新鮮去骨雞肉，搭配低碳水化合物食材，體重管理好輕鬆。

What's on your mind? 21

吃貓草是有原因的～

看見被放置在寵物飼料區的貓草時，雖然有過「貓咪好像也需要維他命吧？」這樣的想法，但是讓貓吃貓草其實並不是要讓貓咪補充維他命。貓咪理完毛後，吃下肚的毛會在胃裡結成毛球，吃貓草的目的是要刺激胃部吐出毛球。

市售貓草雖然多為草本植物或麥類的幼苗，但也並非一定要用這類植物不可。對貓咪而言，最愛的是仙客來這類植物的葉子或是香草的葉子等，貓咪喜歡的植物種類非常多樣化。

雖說常看見貓咪在庭院開心的吃著細細長長的植物，但因為草細長容易隨風搖擺，也許貓咪是被草的擺動而引起興趣才過去的也不一定。

「我家的貓咪對貓草根本沒有興趣」，這種情況恐怕是因為在幼貓時期，沒有讓貓咪接觸貓草而導致的。

健康的貓咪會將舔進肚裡的毛隨著糞便一起排出體內。即使不餵食貓草，毛在胃裡若能自動結球，就能自主性的將毛球完全吐出。若飼主能夠經常替貓咪梳毛，則能減少貓毛大量屯積在貓咪的胃裡。

貓咪吐毛球的模樣，看起來好像相當痛苦可憐，但這對貓咪而言是很自然的生理現象。有時候，若貓咪能靠自己的力氣吐出毛球，這是表示貓咪很健康的證明，無需過度擔心。

What's on your mind? 22

玩得正開心時，突然舔起毛來？太跳 TONE 了

有時候貓咪一下飛撲追著玩具、一下壓低身子埋伏…怎麼看都覺得他們玩得正開心，下一秒卻捲著身體背對玩具，突然開始一下舔毛、一下舔著手腳。

貓咪從原本沉迷的事物中突然轉變，是為了防止自己情緒過度高漲的移轉行為。

對野生動物而言，狩獵是為了確保能獲得糧食的行為，若稍有失誤則可能因此喪命。於是，如果太興奮了，就稍微做一下別的事，安定自己的情緒恢復冷靜。

移轉行為在其他情況下也可以看見，例如：因為貓咪睡姿太可愛了，飼主伸手撫摸他們的頭，然後貓咪突然打了一個大大的哈欠。

其實這時候打哈欠的意思，是為了壓制住睡夢中被吵醒，內心感到憤怒的移轉行為。

眼神緊盯著停在電線桿上的小鳥，貓咪當然抓不到小鳥，於是貓咪會漸漸煩躁起來。這時候，會伸出舌頭舔幾下嘴巴，這也是移轉行為的一種。

打哈欠或舔嘴，這都是為了保住性命且具有重要意義的行為。

What's on your mind? 23

會突然來場深夜運動會，是因為血液中野生基因在騷動著

有時候，家裡的貓咪會突然全力暴衝。特別是年輕貓咪，一天當中至少一次全力暴衝，若是有好幾隻幼貓，他們則會相互追逐，簡直就像是場運動會。要是太過興奮，一下攀爬上窗簾、一下又在櫃子跳上跳下的事也是常有的。

像這樣的行為常發生在晚上，這是因為貓咪本來就屬夜行性動物。只要關了燈變暗了，貓咪血液中夜行性的基因便會開始騷動，增加分泌食慾及活力的賀爾蒙及皮質類固醇。

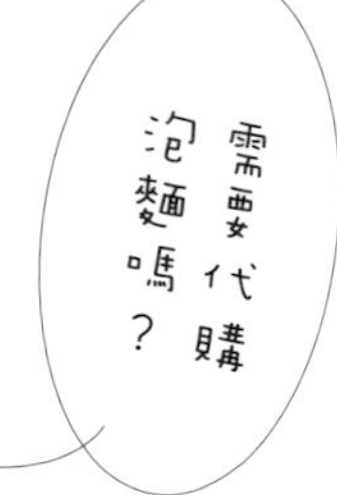

咻的一下來回奔跑著，就這麼直奔進廁所（貓砂盆廁）的情況也是常常發生，這也是由野生時代所殘存下來的行為。

對野生動物來說，上廁所可是需要很大的決心。在排泄過程中，動物是完全沒有防備的，而排泄物的臭味瀰漫飄散空氣中，像是在說「我就在這裡啊！」所以，在野生時代，貓咪會到遠離巢穴一定距離的地方上廁所。

正因如此，貓咪要上廁所時是要開啟認真模式，全神貫注，因此會分泌皮質類固醇。

這種突然全力暴衝的行為，在幼貓時期相當常見，但隨著貓咪的成長而漸漸減少。因為年紀增長以致於活力相關的賀爾蒙減少分泌，也有可能是因為貓咪在與人類朝夕相處之中，學會了人類的生活模式導致的結果。

What's on your mind? 24

猛然聞個不停，是為什麼呢？

這味道好
熟悉呀～

在貓咪眼前，突然伸出手指靠近鼻尖，貓咪就會聞一下。

「把手指當作食物嗎？」雖然這麼認為，但貓咪並不是因為想吃手指頭。

貓咪與貓咪間第一次見面時，鼻子和鼻子會靠得非常非常近，互相聞對方的味道。貓咪的嘴巴周圍有腺體，由腺體散發出自己的味道。初次遇見的貓咪，互相聞一下彼此的氣味，藉以瞭解彼此。

貓咪一看見像手指一樣突然立起的東西，就會直覺聯想到與其他貓咪初次見面那樣。基於「姑且打個招呼好了」的原因，會將自己的鼻子(或嘴巴)靠近對方，藉以告訴對方「這是我的味道喔，日後見面了要打招呼喔！」當然，這時候就會聞對方(手指)的味道。

順帶一提，貓咪鼻子與鼻子靠近時，雖然大多都是豎起耳朵，但是似乎不是那麼緊張。貓咪若是對對方抱有警戒心的話，耳朵是會向後或往兩側壓低。若是豎起耳朵互相碰鼻的話，代表彼此沒有敵意，飼主只要在旁邊看著就好囉。

What's on your mind? 25

為什麼聞屁屁氣味的時候會轉圈圈呢？

這在貓咪打招呼時也會出現的行為。

鼻子相互靠近、聞了聞嘴巴周圍的氣味，那麼接下來就是聞對方屁股氣味的階段了。

其實，聞屁股的氣味不只是打招呼的意思，誰先開始聞對方屁股的氣味呢？在聞氣味之前，雖然暗中悄悄爭奪先發順序，但其實競爭相當激烈。

先被聞屁股氣味的一方，不得不將自己的屁股轉向對方，這就像聞對方鼻子一樣，兩隻貓是不可能同時互相聞著彼此屁股的氣味。

而且，背對著讓對方用鼻子靠近自己的屁股，這樣的相對位置來說，自己是無法看清楚對方的表情與動作。也就是說，先將屁股轉向的那一方是處於壓倒性的弱勢。反之，先聞對方屁股的一方，則處於較強的立場。

在聞屁股氣味的這個階段，貓咪們會不停的轉圈圈，**這是為了要爭奪優先權**。若是對方想要將鼻子靠近自己的屁股的話，那麼就會迅速的轉換身體方向，移開屁股。換做自己時也是如此，想要聞對方屁股氣味時也會把鼻子靠過去，因為對方畢竟覺得自己是對手，所以不想讓自己聞他屁股的氣味，就會立刻將屁股移開。

而這個結果，就是變成兩隻貓不停的在轉著圈圈。但是，不一會兒這樣的情況，就會隨著其中一方的讓步遷就而和平落幕。

天然密碼-低敏阿拉斯加鮭魚室內幼&成貓

阿拉斯加新鮮鮭魚，分子小吸收快，有效降低糞便味道。

What's on your mind? 26

貓咪舔毛的三個理由

談到貓咪的行為，說他們不是在睡覺就是在舔毛，可一點也不誇張。依據其中一種說法，貓咪清醒的時候，有1/3的時間都花在將全身上下好好的清理一番上，這樣的行為稱之為理毛。

貓咪理毛，主要有三個目的：

❶ **除去污垢**：被貓咪舔的時候，會覺得他們的舌頭不平滑。主要是因為貓咪的舌頭上有細小而突起的倒刺，這些倒刺則取代毛刷去除身體的污垢、舔掉廢毛，有時候還可以清理掉附在身上的一些小寄生蟲等等。

❷ **調節體溫**：貓咪因為除了肉球以外其他部位都沒有汗腺，所以在大熱天裡無法出汗調節體溫。因為舌頭上充滿唾液，於是用舌頭舔舐全身，藉由唾液的蒸發時帶走熱氣來調節體溫。

❸ **排解壓力**：由於貓咪是相當神經質的動物，很容易產生壓力。因此藉著各種不同姿勢來理毛，企圖轉換氣氛，讓自己冷靜下來。

若是貓咪出現太過頻繁的理毛行為，則很有可能是患有壓力性的精神疾病。如果發現了這種狀態，最好可以盡量陪貓咪玩他們喜歡的遊戲。利用玩具讓貓咪們運動，這可以有效幫助消除壓力。

\ *What's on your mind?* 27 /

吃完飼料後，用舌頭舔嘴巴是沒吃飽嗎？

貓咪在吃完飼料之後，一定會伸出舌頭不斷舔舐嘴邊。這樣的行為並不是「哇，好好吃喔！」的意思。

請試著想像一下野生貓咪進食的狀態。貓咪的獵物直到被捕獲之前，都是活生生的新鮮小動物，吃掉獵物之後，嘴巴周圍會沾著血液及細小肉屑。如果進食完，沒有好好的將沾在嘴邊的東西清理乾淨、舔去食物的味道，則有可能會影響下次的狩獵。再者，若是沒這麼做的話，自己很有可能變成其他動物的狩獵目標。

這樣看來，貓咪用舌頭舔舐嘴邊的行為除了要清理污垢，**同時也是要舔去獵物的味道，以確保自己的安全**。

雖然同樣都是貓科動物，但像獅子或豹等等，跟貓咪一樣神經質，但卻不會這樣在進食後清除獵物的味道，被稱為「萬獸之王」，真不愧是有絕對的自信。

貓咪雖說跟獅子和豹都是同類，但因為貓咪體型較小，容易遭受襲擊，因此對於氣味較敏感。

當貓咪排便後，後腳會像芭蕾舞者一樣踢得又高又開、舔自己的屁股也是同樣的原因。將殘留在屁股周圍的便便清理的乾乾淨淨，也是因為不想留下氣味。

What's on your mind? 28

在外頭遇見自己養的貓，卻裝做不認識飼主！好過份喔…

在外頭玩耍的我是另一個我唷。

有的飼主會讓家貓到外面去玩，所以偶爾也會在自家外頭與自己養的貓相遇。

貓咪時而在附近的小路散步，時而坐在的離家不遠的圍牆上巡視著…。

即使發現貓咪的飼主對貓咪說：「你怎麼在這裡啊？」不知怎麼地貓咪還是一臉陌生。眼神從飼主身上移開，態度冷淡得好像完全不認識的狀況也不少。

飼主往往感到失望「在家的時候明明就很愛撒嬌啊…」，但其實貓咪的視力並不是很好。因為**對於稍微有點距離的事物，只能夠模模糊糊的看出好像有東西在前方，所以分辨不出來在那裡的到底是飼主或是陌生人。**

所以說，靠近一點然後呼喊貓咪的名字，讓貓咪知道你是飼主吧！

即便如此，貓咪若只是撇了飼主一眼之後便又露出不認識飼主的表情，這時候也只好遵守貓咪世界的規則來行動了。

在貓咪的世界裡，與對手相遇時並不會四目交接，這是貓咪們的規則，目不轉睛的盯著對方的眼睛是打架模式。在家中，當貓咪眼睛盯著飼主是有需求想要傳達給飼主，一旦踏出家門，這般與生俱來的本能就會變得很敏銳。這樣的結果便是不與對手四目交接，而這就是造成讓飼主覺得貓咪不認得自己的原因了。

貓咪不定時定量進食

貓咪會補食小鳥或老鼠等體型較小的動物，以體型的比例來說貓咪算是大胃王，像一般小老鼠的話，貓咪一天大約要吃12隻左右。當然，是逐隻獵補，一隻吃完了之後再補捉一隻。也就是說，**貓咪的腸胃的構造是無法一次大量進食。**

稍微吃一點然後休息一會兒，接著再吃一點。貓咪是不定時定量進食的，也被稱為「貓食」，這是因為腸胃構造的緣故。貓咪這樣的進食方式看起來也許很不好，但這是因為貓咪的腸胃就是如此，這也是沒辦法的事，不要跟貓咪追究吧！

對於成貓，一天大約分為兩次給予正常份量的飼料，但考量到貓咪的腸胃狀況，最好一天分四到五次少量餵食。

通常一次放太多飼料都會吃剩下來，一陣子過後飼料的香氣消失了，也就無法引起貓咪的食慾了。結果，時常是本來想給很多飼料餵飽貓咪，但貓咪不但沒吃還餓著肚子。實際上，變成「肚子餓→慾求不滿→貓咪不乖」的狀況似乎不少。

雖然好像很麻煩，一天數次或者開個貓罐頭，餵食貓咪散發著食物香氣的飼料吧。

What's on your mind? 30

某天，突然不吃最喜歡的飼料了？

「我的貓咪最喜歡這個了！」於是大量買了貓咪最愛的罐頭，但過了一段時間之後，就算打開罐頭，貓咪也不理不睬。一臉不悅的別過頭、一口都不吃……，應該很多飼主都有這樣的經驗吧。

貓咪會突然不吃飼料，其實不需擔心。**雖然說不用擔心，但是貓咪確實已經吃膩了。**

已經買了的貓罐頭就先收著，先餵一點新口味就可以了。然後一至二個月後再若無其事的拿出之前貓咪最愛的罐頭，大概就大吃特吃了。

而且，據說貓咪的智商大約是人類兩歲寶寶的程度，記得的事物其實不少。有點挑食的時候，若是飼主只是「不好意思，你不喜歡這個口味嗎？那麼另外這種如何？」不斷打開新的罐頭，貓咪可是不會領情的。因為貓咪會認為，不管怎樣任性的要求這個人都會接受，那麼之後貓咪為了要試探飼主，有時候連飼料看都不看一眼的情況也是有的。

就算有點挑食，飼主只要稍微假裝不知情，不久貓咪也耐不住饑餓，不得不吃飼料了。

What's on your mind? 31

貓咪喜歡吃魚是誤會一場？

大多數人認為「貓咪最喜歡吃魚了」，但其實這是錯誤的想法。

貓咪對人類而言是相當親密的動物，是補捉老鼠的高手。由於貓咪會補捉毀壞穀倉的老鼠，人類十分心存感激。

日本最一開始出現家貓的時期，一般說法是起源於奈良時代。當時從中國船運貴重經書時，為了防止經書遭受老鼠破壞，於是連同貓咪一起帶上船，這是最一開始的說法。

日本人主要是從魚類攝取動物性蛋白質。**飼主若是吃魚，當然也有貓咪的份，於是成了貓咪以魚為主食的模式。**如此一來便出現了「貓咪=喜歡吃魚」的定論。

順代一提，講到貓食，淋上味噌湯的飯或是配上小魚干的飯，對貓來說是非常不好的食物。

以攝取動物性蛋白質為主的貓咪，因為體內並沒有能夠消化穀物的酵素，於是無法消化這樣的貓食。

現在這個時代，請給予富含貓咪必需的營養的貓飼料就可以了。若是要再講究一點的話，可以將雞肉、牛肉的瘦肉部位或肝等內臟仔細切碎，與飼料拌勻後餵食貓咪。豬肉因為脂肪較多，貓咪通常不太感興趣。

What's on your mind? 32

不能餵貓咪吃花枝或章魚嗎？

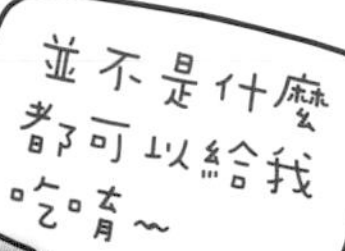

常常有人說若餵貓咪吃花枝的話，貓咪就會走不動，這都是世俗之說，完全沒有根據。不過，花枝或章魚確實難以消化。但是，因為花枝干或魷魚片味道很香，貓咪非常愛。一不小心吃太多吃壞肚子，走路搖搖晃晃的樣子，也不是沒發生過吧。而且，吃下肚的花枝干等，因為會在肚子中膨脹，有時候貓咪吃完之後會感到不適。所以要餵食花枝或章魚的話，不要給太多才好。

然而，相較於花枝或章魚，真正危險的食物是鮑魚與螺類。主要因為鮑魚與螺類的內臟中含有會引起皮膚炎的光感病毒成份。俗話說「貓咪若是吃了鮑魚耳朵就會掉下來」，是因為貓咪耳朵皮膚最薄，皮膚炎嚴重的話，耳朵根部有可能會壞死。

對貓咪而言較為危險的食物，其他有以下這幾項：

⚠ 蔥・洋蔥類

含有能夠破壞貓咪血液中紅血球的成份，會引發貧血。也可能造成血尿、嘔吐或拉肚子的症狀。像是漢堡這類內有洋蔥的食物也要注意。

⚠ 生魚・生豬肉

生魚與生豬肉由於可能會有寄生蟲，最好避免餵食。青魚類若餵食過量，貓咪則有可能患有「黃脂症」，有失明的可能。

⚠ 生蛋

因為生蛋白中含有抗生物素蛋白，會導致維生素缺乏而生病。

⚠ 巧克力

可可中含有可可鹼對貓咪有害。會誘發貓咪拉肚子、腹痛、血尿或脫水症狀。

火腿・香腸

鹽份過多，會引起胃部疾病或心臟病。

小魚干・柴魚

雖然是貓咪的最愛，但因為含有會造成泌尿系統疾病的鎂跟磷，不要餵食過量。若是貓咪專用低鹽份的則沒有問題。

牛奶

因為貓咪有乳糖不耐症，無法分解牛奶中乳糖成份，因此很容易拉肚子。但如果是貓咪專用調整過後的牛奶則沒有問題。

另外，植物方面，杜鵑花、鈴蘭、柊、茉莉花、百合花、聖誕紅、繡球花、喇叭花、藤蔓等等，對貓咪而言都含有會造成危險的成份。特別以百合類的毒性較強，若是喝到了插有百合花花瓶裡的水，則有可能會引發痙攣。若有飼養貓咪，則盡可能少用百合作裝飾吧。

黃金葛或常春藤等藤蔓類的觀賞性植物也很有可能讓貓咪嘔吐或拉肚子，也要多多注意。

晚餐呢？
還沒準備好嗎？

貓咪不是很愛乾淨，但為什麼怕水呢？

雖然講到貓咪大家都會聯想到「貓咪很愛乾淨」，可是為什麼貓咪這麼怕水呢？超級痛恨整身溼。這麼說的話，其實也很少看到貓咪在雨中漫步的景象吧。就連野貓，雨天也都是一直躲在遮蔽物之下躲雨。

貓咪之所以會討厭水，主要是因為貓咪的祖先，起源於棲息在利比亞沙漠一帶的利比亞山貓。利比亞山貓通常只有在喝水的時候才會接近水源。利比亞山貓不怎麼喜歡水源地或河川，他們通常只喝囤積在岩石或樹木窟窿裡的水。

貓咪洗澡其實是遷就飼主的。所以如果要幫貓咪洗香香的話，最好從幼貓時期就開始，讓貓咪慢慢習慣。**建議使用對貓咪刺激較低且有除蚤效果的貓咪專用沐浴精**。雖然說因為貓咪討厭洗澡，所以飼主會盡可能的想縮短洗澡時間，但是務必要完全沖洗乾淨喔。

洗完澡之後記得用毛巾徹底將貓咪擦乾，短毛貓的話其實用毛巾擦乾就可以了。但如果是長毛貓的話，請在避免驚嚇到貓咪的情況之下用吹風機好好吹乾，否則可是會感冒的。

當貓咪毛一乾了之後，就會開始埋頭理毛了。站在貓咪的立場來想，洗完澡之後全身都是沐浴精的香味，自己的味道都消失了。想當然爾，絕對是趕快理毛一番，讓自己的味道充滿全身。

What's on your mind? 34

養了好幾隻貓咪，可是貓咪們怎麼好像很不熟？

明信片或是月曆上常常可以看到貓咪們緊緊依偎睡在一起的照片。

光是看著這些照片，整個人都被療癒了呢。飼主心裡想幫家裡的貓咪找個伴，於是就再養了一隻，怎知…兩隻貓咪完全互不搭理，類似這樣的情況應該很常見吧。

其實，我們常在明信片或月曆上看到那些互相依偎在一起的貓咪們幾乎都是兄弟姊妹。

貓咪本來就是獨行俠。對貓咪來說，單獨行動是最好最舒適的模式。相較於家貓而言，目前生長在野外的貓咪被稱作為山貓，像是西表山貓或其他類種的貓咪，現在棲息在世界上的大約有40種品種的山貓。(西表山貓又稱西表貓，是棲息在日本琉球列島八重山

一起睡比較溫暖喔！

群島中西表島上的一種貓科動物，是日本的特有物種，也是日本、沖繩及西表島的驕傲與重心。在當地的方言中，西表山貓被稱作「山裡的貓、逃走的貓」。)

野生時期，以森林為主要棲息地的貓咪在狩獵的時候，通常獨自行動，悄悄地接近目標然後一口氣捕捉到手。除了照顧幼貓的時候不會單獨以外，其他時間對貓而言單獨行動是利大於弊。

所以一次養好幾隻貓咪，就算貓咪們彼此之間好像很不熟，但這只是貓咪們個性本質的展現而已，並不表示他們互相看不順眼唷。

我們長得很像吧！

What's on your mind? 35

貓咪隨地大小便，是有什麼不滿嗎？

基本上，我們可是很愛乾淨的呢~~

貓咪是很愛乾淨的，如果廁所門被關上了，只要教過一次，之後貓咪們就會到固定地方上廁所。就算搬家，只要將一直以來使用的貓砂盆重新換過新砂，定位好之後，也是很快就能夠適應。

若是都這麼做了貓咪還是無法適應，一旦看到貓咪邊聞地板上的味道，邊做出像撥貓砂的動作時，趕快將貓咪抱到貓砂盆上。然後好好的看著貓咪們，等貓咪們確實完成大小便之後，再溫柔的稱讚一下他們「乖孩子」或「你好棒」。

如果是一次養好幾隻貓咪的情況，原則上建議養幾隻貓就準備幾個貓砂盆比較好。

若是沒有好好將貓咪如廁的紀律訓練好的話，貓咪可是有可能會在家裡的角落或是踩腳墊上大小便……，久而久之上廁所的習慣會變得很糟糕的。會造成以上所述推測有以下兩種原因：

其一，**貓咪不喜歡現在使用的貓砂盆**。貓砂髒到已經無法忍受的情況其實也挺常見的。只要貓咪上完廁所了，可以的話就盡早清理貓砂，保持貓砂的清潔吧。

另一個原因是，**貓咪不滿飼主**。好比說，飼主外出旅遊好幾天，家中空蕩蕩、獨自看家孤單的不得了，於是以此抗議表達不滿。大多數的情況，貓咪這時候會選擇排泄在飼主的鞋子或衣服上等等，這是我們最常看到的案例。要是放貓咪在家獨守空閨然後慘遭報復也是見怪不怪啦。

What's on your mind? 36

斥責貓咪隨意大小便，反而是反效果嗎？

要留意當貓咪隨意大小便的時候，若嚴厲斥責可是會帶來反效果。不僅僅是在貓咪隨意大小便的情況，若非現行犯，通常斥責貓咪是件沒意義的事。飼主責備著貓咪前一晚亂大小便，貓咪其實根本不曉得飼主在罵什麼。

若是在發現貓咪亂大小便的當下就斥責的話，有時候貓咪會誤以為排泄就會挨罵。一旦如此，貓咪之後很有可能變得不太用貓砂盆，反而會找隱密的地方或角落上廁所。

飼主發現貓咪隨意大小便的時候，最重要的就是徹底清理乾淨，完全去除大小便的氣味。就算殘留的氣味只有一點點，以貓咪如此敏銳的嗅覺還是聞得出來，並覺得氣味殘留處就是廁所，於是會反覆在該處大小便、被飼主罵、貓咪陷入混亂…，一連串的惡性循環就這樣開始了。

徹底清理乾淨，並將打掃時用的衛生紙鋪到貓咪的貓砂盆裡，這是一大重點。因為沾有排泄物的衛生紙會讓貓咪知道「廁所在這裡」。這麼一來，便可以導正貓咪隨意大小便的行為了。

What's on your mind? 37

好希望貓咪可以不要抓家俱啊…

明明家中就有貓抓板，但貓咪偏偏還是愛抓家俱。再怎麼斥責也沒用，真是令人相當頭痛。

貓咪本來就是以爪子作為武器來狩獵的。

而且貓咪之所以會磨爪子，是防止爪子長得過長。

就像武士絕不會怠慢手中的武士刀(好像有點誇張了)，貓咪平時也是以這般認真的態度對待自己的爪子，這是與生俱來的天性。

那麼，該怎麼辦才好呢？最好的辦法就是讓貓咪記住「磨爪子的地方在這裡」。

貓咪在磨爪子的同時也會留住自己的氣味。也就是說，**教導貓咪在可以磨爪子的地方磨爪**的話，之後應該就會常在該處磨爪了。

購買市面上販售的貓抓用品相當便利，但能夠直立起來的多為箱型，因為對貓咪而言最舒適的磨爪姿態是立姿。本書在此要介紹給各位，請到材料店購買麻繩，纏繞在柱子上，寬約30公分左右，然後裁切適當大小的毯子固定在牆面上。

然後，飼主在一開始時模仿貓咪在準備好的地方磨爪。經過反覆幾次操作，約莫一星期貓咪便能記住要在該處磨爪了。

What's on your mind? 38

讓貓咪乖乖顧家的祕訣

貓咪是非常習慣獨處的動物，所以對於看家一事也很得心應手。因為貓咪一直以來就是反覆無常，且以自我為中心的個性，其實不太會「感到孤單」，只有在被忽略了的時候才會覺得不悅。

其實，貓咪心裡真正的想法應該是「好想要飼主一直在家唷，這樣就可以隨時服侍我了！」

一般來說，**只要備妥飲用水跟飼料，原則上外出1～2天的話，貓咪應該都有辦法乖乖看家的。**飲用水可以大量準備，但是若一次留了過多飼料給貓咪的話，很有可能把他們養成大胃王喔。另外，為了避免飼料壞掉，建議依外出天數，酌量預留乾飼料。

對於愛乾淨的貓，貓砂盆的整潔就是首要問題了。若只是外出1～2天，貓咪還可以稍微忍耐一下。清理貓砂盆的時候，請找貓咪認得的人或專業的寵物保姆，不然會讓貓咪感到有壓力。

貓咪面對外出的飼主回家時的反應，並不會像狗狗一樣飛奔過去，若是貓咪擺出一副不以為然的表情，那真的也見怪不怪。

但是，在那些早已習慣被人飼養的貓咪當中，假如飼主外出回來之後，發現貓咪負氣背對的話，與其說貓咪是感到孤單，倒不如說其實貓咪是在抗議飼主把他們丟在家裡太久了。這時候，只要抱抱他們、摸摸他們，再用他們喜歡的玩具跟他們玩一下，很快就能撫平貓咪的情緒了。

What's on your mind? 39

貓咪外出玩耍，結果就走丟了！

大家認為家貓一旦溜出家裡，就回不來了，其實這是錯誤的觀念。發現貓咪迷迷糊糊的就溜出家裡時，都會想立刻尋找，其實只要知道貓咪的行為模式，很容易就能夠發現到貓咪的蹤跡了。

首先，**貓咪若只走丟了一天左右，那麼肯定還在住家附近。**雖說貓咪是以半好奇的心態偷溜出門，但是在陌生環境中還是覺得恐懼，因此貓咪應該是躲在住家附近、某個角落或是人們平常不易注意到的陰暗處。這時候，可以先找找住家附近半徑十公尺以內的陰暗角落。

若走失當天白天找不到貓咪的蹤影，那麼晚上則是最佳時機。

因為一到了晚上，四周全安靜了下來，貓咪會因此感到比較安心放鬆。這時呼喚一下貓咪的名字，通常就可以聽到細小的貓叫聲回應著飼主。

搜尋貓咪的同時，建議帶著貓咪喜歡的零食與外出籠。如果帶的是能散發香味的零食，則找到貓咪的機率會大大增加。或是可以在外出籠裡放些零食，這也是個有效的辦法。

要是一直找不到貓咪，也請不要輕易放棄。貓咪是有歸巢本能的，曾經有過在貓咪走失好幾個月之後，突然出現在之前找過的地方。

若是被車子撞到，那麼貓咪有可能會一直躲在某個地方，直到傷勢好轉才回家，也是有過這樣的狀況。

What's on your mind? 40

貓咪感到壓力的徵兆

今天的心情
有點Blue～

我們認為貓咪的智商等同於人類孩童兩歲的程度，但其實貓咪可以聽得懂人話的能力甚至更高。貓咪會仔細聽飼主或家人說的話，被稱讚了會很開心，被責備了內心也會受傷心情低落。有這些情緒起伏的貓咪，會因為壓力造成以下幾種生理上的變化。

半夜突然暴衝

貓咪是夜行性動物，所以本來就會在晚上活動。這原本是再自然不過的行為。但要是突然很像興奮過頭開始暴衝，還發出「凹嗚~~」的叫聲的話，絕對是受到壓力壓迫的症狀。

吸自己的乳頭

有時候貓咪會兩腿開開，不過不是在理毛而是在吸自己的乳頭。這是很常出現的不自覺動作。當貓咪覺得很無聊時，也會這樣。

猛咬前腳

貓咪要是卯起來咬著自己前腳的時候，表示貓咪可能已經累積了很大的壓力。但如果是貓咪身上有跳蚤，那麼也會拼命咬自己。

咬人

平常就會咬飼主的貓咪另當別論，但要是貓咪突然間咬人的話，就是他們相當焦躁的證據。造成貓咪焦躁的原因不外乎是「飼主一直要抱」、「飼主達不到要求」或是「被丟在家裡」等。盡量空出時間與貓咪相處，多多撫摸貓咪且適時稱讚貓咪，就可以消除貓咪的壓力。

喵～

第 2 章

人氣貓咪品種的個性與行為

人氣第一名 的貓咪品種是？

貓咪的品種真的是多到令人訝異。承接了日本貓咪血統的東洋貓，發源於美洲或歐洲的西洋貓。若將這兩種不同血統的貓咪配種在一起，會造成突變。

狗狗的話，直到不久之前，仍不斷的改良狗狗的品種來配合人類於工作上的需求。相較於狗狗，貓咪的主要工作除了捉老鼠之外，是被定義為觀賞用的動物。所以貓咪品種改良的方向，主要是朝著長得可愛與毛的觸感為主。

不管是怎樣的因緣際會之下養了貓咪，無論哪種品種的貓都是世上獨一無二的，接下來要介紹在人類所飼養的貓咪品種中，各種品種的貓咪的個性及特徵。

順代一提，下列表格是根據日本寵物保險公司「Anicom保險公司」於2016年2月所發表的人氣貓咪品種調查表。

第一名 蘇格蘭折耳貓
第二名 美國短毛貓
第三名 曼赤肯短腿貓
第四名 混種米克斯
第五名 挪威森林貓
第六名 英國短毛貓
第七名 俄羅斯藍貓
第八名 布偶貓
第九名 波斯貓(金吉拉)
第十名 孟加拉貓

純種貓好還是混種貓好呢？

純種體質較差，而混種體質相對較好。這樣的說法常常聽到，但這種說法其實是錯誤的。

當然為了保有最純正的血統，只讓純種貓互相交配繁殖。遺傳會被顯性基因所影響，可是近親交配時會被隱性基因影響。其結果造生畸形，因此衍生出「純種體質較差」的說法。

基本上，是沒有所謂的純種體質較差，而混種體質相對較好的說法。確實就體質而言會有較健康的貓咪與較虛弱的貓咪沒錯，但這完全是個體上的差別。

但是，許多時候因為繁殖場不斷反覆進行近親交配，結果繁殖出較為虛弱或是情緒不安定的貓咪。特別是稀有品種的純種貓也不無可能，因此在購買貓咪之前務必要看清楚血統證書。

蘇格蘭折耳貓與加拿大無毛貓這兩品種的貓，便是在偶然情況下繁殖出有著特殊特徵的畸形貓，在挑選的時候可能就要格外謹慎。

無論如何，購買貓咪時最重要的是選擇值得信賴的寵物店。一定要親自見到貓咪，親眼確認貓咪的體格、四肢是否強壯、眼睛是否有神、動作是否靈敏之後，再決定是否將貓咪迎接回家吧。**但是還是多多以領養代替購買，給浪貓溫暖的家吧！**

個性溫和的慢郎中

蘇格蘭折耳貓

(Scotish Fold)

特徵

「Fold」是「折彎」的意思。顧名思義，耳朵向前折彎是折耳貓的最大特徵。讓兩隻蘇格蘭折耳貓交配，能生下同為折耳貓的機率僅僅不到五成。而且，幼貓在出生後三週耳朵才會開始下折，所以盡量避面在幼貓出生之前就預先訂購貓咪比較好喔。

性格

容易親近，個性較悠閒。棕色眼睛，最喜歡玩耍。由於折耳貓與狗狗或其他寵物都能安然相處，因此適合一次飼養數隻或與狗狗一起飼養。折耳貓也很親人，很輕易的就能跟不是飼主的人撒嬌。

飼養要點

記得每天理毛一次。跳蚤蜱虱容易躲藏在耳朵折彎處，約一週一次用棉花棒沾點橄欖油，輕輕的清理貓咪的耳朵。

美國短毛貓

(American Shorthair)

特徵

美國短毛貓是當時英國的清教徒們在橫渡美國時，為了能夠撲滅老鼠而一起帶著的。現在所指的美國短毛貓，主要是指在身體的部份，有著像是畫了大大的螺旋般花紋的貓咪。順帶一提，這種螺旋狀的花紋也常出現在西表山貓的身上。若從這點來看的話，美國短毛貓身上其實酷似日本西表山貓。

性格

穩重，屬於社交型。與狗狗或其他寵物相處都能怡然自得。雖然說美國短毛貓本身獨立性相當高且剽悍，但也因為很能適應與人類相處，是非常容易飼養的品種。

可是正因美國短毛貓天性獨立自主，因此他們討厭太過份的親膩感。愛貓人雖然大多都有偏愛黏著貓咪的傾向，但是多少有點距離感也許比較好喔。

飼養要點

由於個性中仍保有較強烈捕捉老鼠的天性，因此每天都須要大量的運動量。特別是幼貓時期，請每天花個十分鐘陪貓咪玩耍吧。

因為容易過胖，健康管理部份請特別留意體重。

幾乎不需要特別替美國短毛貓梳毛，季節變化的時候是貓咪換毛時期，這個時候每天替貓咪梳毛一次就可以了，替貓咪梳完毛之後再輕撫一下即可。

領養的米克斯貓咪，也是很可愛啊～

短腿小可愛

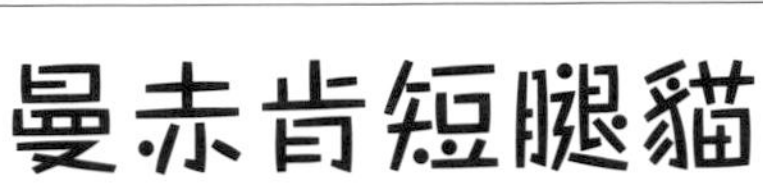

曼赤肯短腿貓

(Munchkin)

特徵

最大的特徵當然就是他們的短腿。翹著稍短的尾巴走起路來搖搖晃晃的樣子惹人憐愛，僅管體型短小仍是超高人氣。

雖然有許多人擔心曼赤肯的腿較短可能因此行動會較遲緩，但不論是爬樹或跳躍一概沒有問題，天生擁有很高的運動能力。

1983年美國一位音樂家在自己的車子底下發現了隻短腿貓咪，以出現在童話故事中的Munchkin族(意為小矮子精靈)命名為「Munchkin」，這就是曼赤肯貓這個名字的由來。

性格

精力充沛，最愛玩耍。善於社交，好奇心相當旺盛。

是撒嬌鬼，會主動想要黏在飼主身邊，當飼主下班回到家時也會主動上門迎接。對於初次飼養貓咪的人來說是相當容易上手的品種。

飼養要點

配合貓咪的成長給予適合的飼料是要點。幼貓時期，一天大約餵食7~8次，成貓之後請於固定時間餵食2~3次即可。若不定時定量餵食的話，貓咪很容易會因為吃太多而變胖，請留意。

新手也是
可以領養
貓咪哦！

挪威森林貓

(Norwegian Forest Cat)

特徵

乍看之下很像是大型貓種，但這是因為挪威森林貓擁有一身濃密蓬鬆中長毛的緣故。負責替北歐神話中女神「弗露依亞」拉馬車，但實際上棲息於森林中，後來自然而然的被北歐人飼養。

挪威森林貓的體型較為結實，骨格強壯全身肌肉較多。胸部寬闊、腰身較豐厚。為適應北歐寒冷氣候，有著濃密的長毛，指縫間也長著許多長毛。

性格

人氣很高的貓咪品種，儘管有著威風凜凜的外貌，但由於天性落落大方且穩重，也因這樣的個性很親人不怕生也很聰明，非常樂於與人互動。

對於飼主呼喊名字通常都有反應，會玩你丟我撿的遊戲，也可以用牽繩外出散步，有著不輸給狗狗的忠誠度。

相當獨立自主，平常也不愛黏著飼主，開心沉浸在自己的世界…等，簡直就是集狗狗與貓咪兩者的優點於一身的個性。

飼養要點

約莫需3～4年左右才會發展成成貓，因此在那之前需要大量給予挪威森林貓富含高蛋白質、高卡路里的飼料是最大重點。也因挪威森林貓原本便是野外棲息，一旦讓他們外出之後很可能就會愛上外出遊玩。飼養於室內的話，若可以提供他們一個能夠上下跑動的環境是再好不過的了。挪威森林貓本性愛爬樹，當他們跳到高處時請不要斥責他們喔。

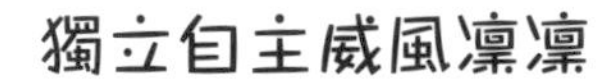

獨立自主威風凜凜

英國短毛貓

(british shorthair)

特徵

結實體態及圓潤大頭。英國短毛貓兩隻耳朵間的距離較短，是著名故事「愛麗絲夢遊仙境」中柴郡貓(Cheshire Cat)的參考範本。

起初，美國短毛貓的存在是為了撲滅農田裡的老鼠，是健康不易生病的品種。

全身毛皮相當茂密，觸感較粗硬，能夠適合任何氣候。美國短毛貓的毛色相當多種，其中最受大家歡迎的就是藍毛。

由於美國短毛貓有著粗壯有力的四肢及發達的肌肉，因此在日本有著「四腳穩踩地面的貓」的別稱。

性格

個性非常獨立自主、威風凜凜且冷靜的貓咪。不僅只對飼主就連一家人都相當忠誠。不會隨便搗蛋，雖然天性充滿柔情，但卻也不愛被人黏著及不斷撫摸，不易與陌生人親近。

不急不徐再加上天性聰明，是種不太需要飼主操心的品種。

飼養要點

日本貓咪的血型幾乎是A型，但美國短毛貓的血型有超過四成的機率是相當罕見的B型。因此，當貓咪生病或打架受傷了，需要輸血時就要特別留意。為了健康也有飼主會讓美國短毛貓接受血液檢驗。

彷彿狗狗般的忠於飼主

俄羅斯藍貓

(Russian Blue cat)

特徵

起源於俄羅斯西北部的阿爾漢格爾斯克港口。為了要抵抗嚴寒氣候，有著裡外兩層厚重的毛。俄羅斯藍貓擁有一身藍灰色充滿神秘感的毛色，在光線的投射下，藍色毛髮閃爍著帶有銀色的光芒，綻放著令人無法轉移視線的美。

性格

「彷彿狗狗般個性的貓咪」，俄羅斯藍貓對飼主是相當忠心的，這對貓咪而言是非常難得的。雖然全心全意愛著飼主也很會撒嬌，但相反的，也非常認人，幾乎不太接近飼主以外的人。因為過於害羞而有點神經質的傾向。

俄羅斯藍貓是相當安靜的貓咪，幾乎不太叫也是特色之一。運動雖然是必需條件，但由於他們自己一個人玩耍也怡然自得，因此不需飼主太費工夫。

俄羅斯藍貓可說是非常適合飼養於一般大廈等都市室內環境的品種。

飼養要領

身型較為纖細苗條，但其實是相當健康強壯。因為身型苗條是俄羅斯藍貓的特色之一，因此餵食時請留意可別過量了。

每天輕柔的替貓咪梳毛一次，將廢毛梳掉好讓新毛再生，才能維持毛髮柔順閃耀。

米克斯的毛色也很迷人吧！

最愛抱抱的大玩偶

布偶貓
(Ragdoll)

特徵

布偶貓是現今所知的貓咪中體型最大的品種。他們的體重就算超過10公斤也不足為奇。

「Ragdoll」是絨毛玩偶的意思，抱著布偶貓的觸感，就好像抱著絨毛娃娃一樣，而布偶貓最喜歡抱抱，也會依偎著飼主。

性格

布偶貓的個性相當穩定，順從、不怕生、冷靜。

飼養要點

由於體型較大，提供充滿營養的食物是很重要的。雖然理毛是必要的，但由於沒有內層毛皮，對中長毛的貓咪來說，替布偶貓梳毛算是輕鬆簡單，一天一次即可。

米克斯睡覺的
樣子，也很像
布偶吧！

偏愛獨處的貴族

波斯貓／金吉拉

(Persian/Chinchilla)

特徵

金吉拉與波斯貓為同一品種的貓咪。波斯貓中，若是白毛中帶點灰毛，則被稱為銀白金吉拉；若是帶有茶色毛髮，則被稱為黃金金吉拉。順帶一提，金吉拉這個名字的由來，是因為一種名為金吉拉的嚙齒動物的毛色與金吉拉相似，因而以此命名。

身體及四肢短小。體型結實，外表看起來較實際上小巧，有許多不易養胖的金吉拉。

性格

大方穩重，適應人類能力佳。大多的金吉拉偏愛獨處，即使長時間獨處也沒問題。也因為會聽飼主的話，易於管教，可說是好上手的貓咪品種。

飼養要點

外表看起來纖細，但其實相當健康，在飼料方面無需太過操心。

另一方面，細心照料波斯貓與金吉拉那極具魅力宛如絲綢般的長毛則是首要作業。若沒有每天勤快的替他們梳毛，很快的就會打結。特別是肚子與尾巴內側的毛最容易打結，必要的時候可以用剪刀稍微修短。

雖然波斯貓喜歡獨處，但也很愛與飼主玩耍，記得花點時間與他們玩耍吧。

米克斯的毛也
不易打結，快
來領養我吧！

不愛黏人卻擅於交際

孟加拉貓

(Bengal Cat)

特徵

說到孟加拉貓，雖然通常就是聯想到他們身上有如花豹斑紋般的點狀花紋，但其實也有像是美國短毛貓那樣螺旋花紋的孟加拉貓。短毛品種、充滿力量、肌肉結實。杏仁般的眼睛，有點鳳眼。毛像水貂一樣柔軟，充滿著高貴氣息。

性格

雖然孟加拉貓體格健壯且個性仍有些許野性，但個性穩重並擅於社交。會回應飼主，時常也會出現有趣的反應。

但是畢竟仍保留一點野性，因此最討厭被纏著了，似乎也不太喜歡抱抱。但孟加拉貓卻是很難得不怕水的貓咪。

飼養要點

請提供能夠滿足孟加拉貓運動量的飼養環境。不太需要替孟加拉貓梳毛，偶爾用手順順他們的毛就可以了。

日本版權照片來源

封面　れお／写真：じゅんじゅんさん

P.8　ふうた／写真：ふうたママさん
P.9　写真：ぱんむすーさん
P.10　みく／写真：マーニャさん
P.11　くぅ／写真：マーニャさん
P.12　くるみ／写真：aki さん
P.14　ねこ／写真：ボロ雑巾さん
P.15　ニコ／写真：niki さん
P.16　メリル／写真：メリルママさん
P.18　写真：レイさん
P.19　あずき／写真：yummy さん
P.20　パンタ／写真：はちのんさん
P.21　くるみ／写真：aki さん
P.24　みく／写真：マーニャさん
P.26　写真：hina_kona_ さん
P.27　[上]はる／写真：はるさん
[下]写真：トモチビさん
P.28　中嶋・シャーロット・ミー子／写真：ヌコパンチ(マンレンミリ ショントゲンパール)さん
P.30　れお／写真：じゅんじゅんさん
P.32　クルトン／写真：びつけさん
P.33　写真：keroko さん
P.34　写真：ロサネコさん
P.36　小虎（コトラ）／写真：クランベリーさん
P.37　[上]タマ／写真：タマちゃんさん
P.40　雪菜／写真：羅亜さん
P.47
[上]みく／写真：マーニャさん
[下]くろのにゃるす／写真：ぽんたさん
P.51　アリス／写真：マロンパパさん
P.53　れお／写真：じゅんじゅんさん
P.54　[上左]中嶋・シャーロット・ミー子／写真：ヌコパンチ(マンレンミリ ショントゲンパール)さん
P.55　[上左]メリル／写真：メリルママさん
P.58　写真：りきまるさん
P.63　くぅ／写真：マーニャさん
P.64　ゴン／写真：ピロロさん
P.67　もこ／写真：もこあずさん
P.70　シフォン／写真：さきタマさん
P.71　[上]だいあ／写真：優羽さん
P.73　写真：りきまるさん
P.74　ニコ／写真：niki さん
P.76　みく／写真：マーニャさん
P.77　写真：ちいちゃんさん
P.78　ゴン／写真：ピロロさん
P.82　アリス&マロン／写真：マロンパパさん
P.83　写真：もかなほさん
P.84　ゴン／写真：ピロロさん
P.88　ソラ／写真：モカピョンさん

P.90 写真：9 Cats. さん
P.91 ルーク／写真：zzz さん
P.92 写真：りきまるさん
P.97 ネコ社長こいも／写真：ネコ社長こいもさん
P.98 写真：とらちゃんさん
P.100 写真：nyorooo_ さん
P.104 さゆり／写真：tamachi さん
P.109 参ぺい／写真：wagamamaさん
P.110 ラブ／写真：mochapapa さん
P.112 参ぺい＆良雄／写真：wagamama さん
P.113 [上]海＆花／写真：arari_red_ さん
P.116 セシル／写真：まこちんさん
P.118 ミフさん／写真：まあみふさん
P.119 写真：黒猫娘さん
P.120 写真：にゃごにゃんさん
P.122 ニコ／写真：niki さん
P.124 写真：りきまるさん
P.126 タマ／写真：タマちゃんさん
P.127 [上]写真：sin.uemura さん
P.129 写真：しょこさん

P.134 IHOR TROTSENKO/Shutterstock
P.136 Top Photo Engineer/Shutterstock
P.138 Linn Currie/Shutterstock
P.140 sylv1rob1/Shutterstock
P.142 Jiri Sebesta/Shutterstock
P.144 Bildagentur Zoonar GmbH/Shutterstock
P.146 cath5/Shutterstock
P.148 Anatoly Timofeev/Shutterstock
P.150 TalyaPhoto/Shutterstock

感謝提供照片的台灣貓奴們！

貓咪 :Eddie（圖右）
貓咪 :Jacob（圖左）
攝影 & 飼主 : Carol

貓咪 : 大寶
攝影 : miya 一甜蜜貓旅店
飼主 : 智齊

貓咪 :Vodka
攝影 & 飼主 : Ally

貓咪 : 米果
攝影 & 飼主 : 妤倫

貓咪 : 波波
攝影 & 飼主 :
波，你在幹嘛？

貓咪：小熊
攝影 & 飼主 : 妤倫

貓咪 : 布里
攝影 & 飼主 : Kaylin

貓咪 : 豆豆
攝影 & 飼主 : 曉慧 &BK

貓咪 : 九筒
攝影 & 飼主 : Kaylin

貓咪 : 美姬（圖上）
攝影 & 飼主 : 曉慧 &BK

貓咪：兔兔
攝影 & 飼主：Jessica

貓咪：一直叫
攝影 & 飼主：Jessica

說好了，每一天都要擁抱，相依偎，甜言蜜語，相愛一生一世。許多從收容所救援出來的貓咪們，在送養中心等待領養，等待真心的承諾。

台灣愛貓協會

送養中心送養會
時間：每週六下午2至5時
地點：
台北市信義路四段214號4F-1(信義安和站2號出口旁)
FB：愛貓協會(NGO,收容所貓志工社團)
EMAIL：catkitten99@gmail.com

台灣愛貓協會送養中心 需要您的愛心

歡迎報名志工及捐款

* 合作金庫永吉分行（銀行代碼：006）
* 帳號：0969717 068247
* 戶名：社團法人台灣愛貓協會
* 愛心碼：921314
* 物資捐贈：10699台北郵局第108-419號信箱
* 信箱：catkitten99@gmail.com
* 網址：www.lovecat.info

Orange Life 06
喵星人你怎麼說?
當貓奴遇到了喵星人，其實牠沒有你想像中的那麼難搞！

作者：ニャンコ友の会

出版發行 橙實文化有限公司

粉絲團 https://www.facebook.com/OrangeStylish/

MAIL: orangestylish@gmail.com

作　　者 ニャンコ友の会

總 編 輯 于筱芬 CAROL YU, Editor-in-Chief

副總編輯 謝穎昇 EASON HSIEH, Deputy Editor-in-Chief

行銷主任 陳佳惠 IRIS CHEN, Marketing Manager

美術編輯 亞樂設計

製版／印刷／裝訂 皇甫彩藝印刷股份有限公司

贊助廠商

miya 甜蜜貓旅店

編輯中心

ADD／桃園市大園區領航北路四段382-5號2樓

2F., No.382-5, Sec. 4, Linghang N. Rd., Dayuan Dist., Taoyuan City 337, Taiwan (R.O.C.)

TEL／（886）3-381-1618 FAX／（886）3-381-1620

MAIL: orangestylish@gmail.com　粉絲團https://www.facebook.com/OrangeStylish/

全球總經銷

聯合發行股份有限公司

ADD／新北市新店區寶橋路235巷弄6弄6號2樓

TEL／（886）2-2917-8022　FAX／（886）2-2915-8614

初版日期 2019年4月

Hey!!